AF514135

futureTEX

Ein Zukunftsmodell für Traditionsbranchen in der vierten industriellen Revolution

zwanzig20 PARTNERSCHAFT FÜR INNOVATION

GEFÖRDERT VOM Bundesministerium für Bildung und Forschung

GEMEINSAMER SCHLUSSBERICHT ZU NR. 3.2

Vorhabenkonsortium:	Faserinstitut Bremen e.V. — FIBRE Sächsisches Textilforschungsinstitut e.V. — STFI Spindelfabrik Süssen GmbH (Graf & Cie AG) — GRAF ASGLAWO Technofibre GmbH — ASGLAWO TENOWO GmbH — TENOWO NORAFIN Industries GmbH — NORAFIN
Förderkennzeichen:	03ZZ0635A…G
Vorhabenbezeichnung:	„HPF-Garnitur — Verbesserte Qualität für Vliesstoffe aus Hochleistungsfasern bei längerer Standzeit durch optimierte Krempelgarnituren und angepasste online Überwachung.“
Laufzeit des Vorhabens:	01.11.2019 – 30.04.2022
Berichtszeitraum:	01.11.2019 – 30.04.2022

FASERINSTITUT FIBRE BREMEN
FIBRE
FASERINSTITUT BREMEN e.V.
Universität Bremen Gebäude IW3
Am Biologischen Garten 2
28359 Bremen

Bremen, 2022-09-01 — Ort, Datum

Dr. Holger Fischer — Vorhabenkoordinator

Das diesem Bericht zugrundeliegende Vorhaben wurde mit Mitteln des Bundesministeriums für Bildung und Forschung unter dem Förderkennzeichen 03ZZ0608 gefördert. Die Verantwortung für den Inhalt dieser Veröffentlichung liegt bei den Autoren.

Bibliografische Information der Deutschen Nationalbibliothek:
Die Deutsche Nationalbibliothek verzeichnet diese Publikation in der Deutschen Nationalbibliografie; detaillierte bibliografische Daten sind im Internet über http://dnb.d-nb.de abrufbar.

Die **Forschungsberichte aus dem Faserinstitut Bremen**
erscheinen in unregelmäßiger Folge.
Herausgegeben vom
FASERINSTITUT BREMEN e.V. — FIBRE —
Am Biologischen Garten 2
D-28359 Bremen

Der vorliegende Band erscheint als Nr. 69 dieser Reihe.

Autoren: Holger Fischer; Katharina Heilos; Marcel Hofmann; Daniel Thal; Andrea Miene; André Faasen; Guiseppe Lombardo; Helmut Roewer; Thomas Liedke; Jan Maidorn; Hagen Hohmuth; Manja Heß & André Lang

Titel: HPF-Garnitur — Verbesserte Qualität für Vliesstoffe aus Hochleistungsfasern bei längerer Standzeit durch optimierte Krempelgarnituren und angepasste online Überwachung.

Herstellung und Verlag: BoD – Books on Demand, Norderstedt

ISBN dieses Bandes: 978-3-75624-201-6
ISSN der Reihe1618–7016

Inhaltsverzeichnis

Tabellenverzeichnis

Abbildungsverzeichnis

Zusammenfassung

Im Rahmen des futureTex-Projektes „HPF-Garnitur" (Förderkennzeichen 03ZZ0635A...G) wurde ein digitales Monitoringsystem entwickelt, welches den Verschleiß von Krempelgarnituren erfasst. Im Sinne von Industrie 4.0 ist hierdurch eine wartungsoptimierte Prozessführung möglich, so dass die Notwendigkeit des bevorstehenden Garniturwechsels zunächst online überprüft werden kann.

Vor allem Hochleistungsfasern, wie Glas-, Carbon- oder Aramidfasern, können bedingt durch ihre abrasive Wirkung einen erhöhten Verschleiß der Garnituren bei der Verarbeitung hervorrufen. Im Projekt wurde daher der Fokus auf die Verarbeitung der Hochleistungsfasern gelegt.

Die Struktur des Projektkonsortiums, bestehend aus zwei Instituten und vier Industriepartnern, ermöglichte die Betrachtung der Garnituren hinsichtlich des potentiellen Optimierungsbedarfs sowie die Analyse des Verschleißes hervorgerufen durch die Verarbeitung verschiedener Hochleistungsfasern.

Die Auffälligkeiten wurden, begleitend zur Entwicklung einer online Analyse der Garnituren, zunächst offline an Alt- und Neugarnituren ermittelt. Hierbei erfolgte sowohl eine intensive Betrachtung unter Verwendung eines Lichtmikroskops und Rasterelektronenmikroskops (REM), als auch eine Analyse mit USB-Mikroskop an der Anlage selbst. Die in der offline Analyse aufgetretenen Herausforderungen, wie Probleme der Reproduzierbarkeit der Bilder aufgrund unterschiedlicher Aufnahmewinkel und Beleuchtungsschwierigkeiten, wurden bei der Entwicklung der online Analyse berücksichtigt.

Das online Analysesystem ermöglicht die Verschleißmessung unter Verwendung einer digitalen Industriekamera sowie eines speziell konzipierten Beleuchtungskonzepts. Die Kamera wird mit Hilfe einer Vorrichtung an der Anlage montiert und fährt reproduzierbar unterschiedliche Messpositionen an. Die Auswertung erfolgt mit einer im FIBRE entwickelten Analysesoftware.

Das entwickelte online Monitoring detektiert aufgrund einer Kantenerkennung Beschädigungen an der Zahnspitze (Abrundungen oder Ausbrüche) sowie Veränderungen von Zähnen, wie bspw. Verformungen.

Zum Projektabschluss erfolgte eine Verifizierung der entwickelten Methode bei den beteiligten Industriepartnern.

Danksagung

Wir danken dem Bundesministerium für Bildung und Forschung (BMBF) für die im Rahmen des Förderprogrammes „Zwanzig20 — Partnerschaft für Innovation" erfolgte, finanzielle Förderung dieses Vorhabens mit den Förderkennzeichen 03ZZ0635A...G.

Wir danken dem PTJ Projektträger Jülich — Forschungszentrum Jülich GmbH als Projektträger des BMBF für die kooperative Zusammenarbeit und Betreuung der Arbeiten. Insbesondere möchten wir Frau Dr. Isabel Schäfer für ihre kontinuierliche, engagierte und lösungsorientierte Unterstützung danken.

Den Mitgliedern des Beirates von futureTEX danken wir für die richtungsweisenden Anregungen und wertvollen Diskussionen in den Beiratssitzungen und darüber hinaus.

I Einleitung

I.1 Ausgangssituation / Anlass für das Forschungsprojekt

Im Vorhaben HPF-Garnitur sollte ein digitales Monitoringsystem entwickelt werden, welches den Verschleiß von Krempelgarnituren erfasst. Im Sinne von Industrie 4.0 ist hierdurch eine wartungsoptimierte Prozessführung möglich, so dass die Notwendigkeit des bevorstehenden Garniturwechsels zunächst online überprüft werden kann. Vor allem Hochleistungsfasern, wie Glas-, Carbon- oder Aramidfasern, können bedingt durch ihre abrasive Wirkung einen erhöhten Verschleiß der Garnituren bei der Verarbeitung hervorrufen. Das Projektkonsortium untersuchte daher die Verschleißwirkung unterschiedlicher Fasertypen, welche im Leichtbau angewandt werden. Neben der Optimierung der Garnituren hinsichtlich der Oberflächenbeschaffenheit und dem Profil der Garnituren (Zahngeometrie und Zahnabstand) sollten zudem der Verschleiß der Garnituren bei der Verarbeitung von Glasfasern, Carbonfasern und Aramidfasern betrachtet werden.

HPF Garnitur futureTEX

Abbildung 1: Projektlogo HPF-Garnitur.

I.2 Voraussetzungen, unter denen das Vorhaben durchgeführt wurde

Die Motivation des Vorhabens bestand in der Überwachung und Reduzierung der bei der Verarbeitung von Hochleistungsfasern auftretenden Abrasion an den Arbeitselementen einer Krempel. Bereits seit Beginn der Herstellung von Vliesstoffen, insbesondere aus Glas- und Aramidfasern, ist die erhöhte Abrasion der Arbeitselemente bekannt. Dies gilt auch für den sich rasant entwickelnden Bereich der Verarbeitung rezyklierter Carbonfasern (rCF).

Zur Reduzierung der Abrasion wurden bereits in den letzten Jahren Lösungsansätze entwickelt, welche sich einerseits der Oberflächenoptimierung der Garnituren [1] und andererseits der Optimierung der Garniturgeometrie [2] widmen.

Eine technische Bedeutung haben diese Arbeiten nicht erlangt, weil der sichere Nachweis und die Quantifizierung des Verschleißes im Vergleich zu Standardgarnituren aktuell schwierig bis unmöglich sind. Eine Entnahme von Stücken des

Garniturdrahtes und mikroskopische Untersuchungen könnten die Abrasion nachweisen. Das ist jedoch technisch nicht umsetzbar, weil dann die Garnitur komplett ersetzt werden müsste. Erste Versuche des Partners GRAF zur digital-optischen Erfassung des Garniturverschleißes haben gezeigt, dass unter Laborbedingungen die Abrasion grundsätzlich auf kleinen Arealen erfasst werden kann.

Ein übliches Verfahren zur Bewertung des Garniturzustandes in der Industrie ist die Verwendung eines USB-Mikroskops [3], [4]. Dies ermöglicht zwar die intensivere Betrachtung der Garnituren an der Krempel, jedoch ist die Beurteilung und Bewertung des Verschleißgrades nur durch geschultes Fachpersonal möglich.

I.3 Planung und Ablauf des Vorhabens

Das Konsortium, bestehend aus zwei Instituten und vier Industriepartnern, widmete sich der Frage bezüglich der Messung und Beurteilung der Verschleißwirkung bei der Verarbeitung von Hochleistungsfasern zu Vliesstoffen.

Besonders im Fokus standen die folgenden Arbeitsschwerpunkte:

- Bewertung der Wirkung angepasster Garnituren im Prozess,
- Entwicklung eines Monitoringsystems zur Überwachung und Klassifizierung des Verschleißgrades,
- Integration des entwickelten Bildanalyseverfahrens in den Prozess, sowie
- Proof of Concept bei den beteiligten Industriepartnern.

Aus diesen geplanten Arbeitsschwerpunkten resultierten die im Projekt bearbeiteten Arbeitspakete:

Arbeitspaket 1: Rahmenbedingungen für Garniturentwicklung und Verschleißmonitoring

Arbeitspaket 2: Untersuchungen zur Entwicklung der Garnituren für verschiedene Hochleistungsfasern

Arbeitspaket 3: Entwicklung der online Verschleißmessung

Arbeitspaket 4: Integration des in AP 3 entwickelten Prüfverfahrens in die Prozesskette und erste Feldtests zur Verarbeitung der verschiedenen Fasertypen im Technikumsmaßstab

Arbeitspaket 5: Nachweis der industriell umsetzbaren Verschleißmessung, Verifizierung bei den Industriepartnern

Arbeitspaket 6: Entwicklung der industriell umsetzbaren optimierten Verarbeitung von Hochleistungsfasern

Abbildung 2: Übersicht Arbeitspakete Vorhaben HPF-Garnitur.

Abbildung 2 veranschaulicht den Zusammenhang der einzelnen Arbeitspakete des Projekts HPF-Garnitur.

I.4 Wissenschaftlicher und technischer Stand

Die in Abschnitt I.2 genannten Entwicklungen wurden teilweise durch die Partner des Verbundkonsortiums vorangetrieben bzw. begleitet. Im Ergebnis dieser Arbeiten zeigte sich deutlich, dass Weiterentwicklungen besonders im Bereich der Garnituren und der Verschleißerfassung in den Produktionsmaschinen notwendig sind, um eine wirtschaftlich sinnvolle Umsetzung im industriellen Maßstab zu gewährleisten. Insbesondere mußten aber für einen Einsatz dieser neuen Verschleißmessung in der Produktion an realen Maschinen eine geeignete Ausleuchtung, Methoden zur bildanalytischen Bewertung sowie genügend schnelle Algorithmen entwickelt werden.

Es besteht und bestand eine langjährige fruchtbare Zusammenarbeit der Antragsteller STFI und FIBRE auf dem rCF-Sektor. Beispielhaft seien nachfolgend eigene Vorhaben beider Institute benannt, in welchen erste Grundlagen zur Charakterisierung von Rezyklaten aus CFK sowie zur Herstellung von rCF-Leichtbauverbundwerkstoffen gelegt wurden:

- Wachstumskern MaliTec — Verbundprojekt Carbon (FKZ 03WKT01B): Mehrlagige definierte Halbzeuge aus C-Faser-Rezyklaten (Vlies-Nähgewirke), hergestellt unter Verwendung von Vliesen mit endlichen C-Fasern [5].
- Entwicklung von Verwertungstechnologien für rezyklierte Kohlenstofffasern aus gebrauchten CFK Bauteilen (ZIM FKZ VP2444804VT0) [6], [7].

- Online-Beeinflussung und Bewertung der Filamentorientierung im Spinnvliesprozess (AiF / IGF-Vorhaben 17357 BG) [8].
- RecyCarb — Ganzheitliche verfahrenstechnische Betrachtung und prozessbegleitendes Monitoring von Qualitätsparametern bei der Aufbereitung von Carbonfaserabfällen und deren hochwertigen Wiedereinsatz in textilen Flächengebilden als Basismaterial für Faserverbundwerkstoffe der Zukunft (futureTEX VP 8, BmBF FKZ 03ZZ0608A–I) [9], [10].

Die erzielten Ergebnisse machten die Notwendigkeit der weiteren Optimierung in der Prozesskette zur Erhaltung des technischen Vorsprungs deutlich. Insbesondere die Digitalisierung sollte bei weiteren Vorhaben im Vordergrund stehen.

Das Projekt RecyCarb, welches die Entwicklung eines Monitoringsystems zur Überprüfung der Faserorientierung im Fokus hatte, zeigte die Notwendigkeit der digitalen Überwachung zur Ermittlung der Kennwerte und Prüfung einzelner Prozessschritte.

Der Verschleiß der Garnituren während der Verarbeitung von Hochleistungsfasern zu Vliesstoffen ist bekannt. Gängige Praxis ist, wie bereits in Abschnitt I.2 erläutert, das Überprüfen des Garniturzustandes unter Verwendung eines mobilen USB-Mikroskops [3], [4].

Bewertungskriterien für den Verschleiß von Garnituren sowie Klassifizierungen unterschiedlicher Garniturauffälligkeiten gab es vor Projektbeginn nicht. Liang et al. [11] berichten über die Entwicklung eines Tests zur Überprüfung des Verschleißes von Garnituren. Hierbei werden Reibungskräfte auf unterschiedlichen Garnituren mit einer Reibscheibe getestet.

Der Fokus der Arbeiten lag auf der Untersuchung der an der Garnitur wirkenden Kräfte sowie der Überprüfung der Abriebpartikel hinsichtlich Form und Partikelgrößenverteilung. Die im Ergebnis des Versuches erhaltenen Abriebpartikel wurden mittels Rasterelektronenmikroskop (REM) näher untersucht. Weiterhin wurde vor allem die Formänderung der Zahnspitze der Garnitur überprüft und mittels REM charakterisiert.

Ein online-Monitoringsystem zur Bewertung des Verschleißes der Garnituren an der Anlage wurde in der Literatur nicht beschrieben und stellte zu Projektbeginn einen Neuheitscharakter dar.

I.5 Zusammenarbeit untereinander sowie mit anderen Stellen

Die Zusammenarbeit mit den Partnern des Vorhabenkonsortiums erfolgte wie in der Verbundvorhabenbeschreibung definiert. Eine Übersicht der einzelnen Arbeitspakete befindet sich Abschnitt I.3.

Der ursprüngliche Projektpartner Graf Kratzen GmbH, Gersthofen gehörte zur Graf + Cie AG, deren Hauptsitz in Rapperswil, Schweiz ist. Die Graf + Cie AG gehört wiederum zum Rieter-Konzern. Während des Projektablaufs wurde die Tochtergesellschaft Graf Kratzen GmbH geschlossen und das Projekt wurde von der Spindelfabrik Süssen GmbH, Süßen übernommen. Die Spindelfabrik Süssen GmbH gehört ebenfalls zum Rieter-Konzern. Da die Garnituren unverändert von der Graf + Cie AG hergestellt werden, wird der Projektpartner Spindelfabrik Süssen GmbH weiterhin mit dem Kürzel GRAF bezeichnet.

Zur Durchführung der Arbeiten im Projekt standen auf Seite der Institute zwei Anlagen unterschiedlicher Größe als Basis für die Entwicklung des Monitoringsystems zur Verfügung: eine Technikumsanlage mit 1 m Arbeitsbreite im STFI sowie eine Laboranlage mit 30 cm Arbeitsbreite im FIBRE.

Das STFI befasst sich seit 2005 mit der Aufbereitung trockener Carbonfaserabfälle und der anschließenden Herstellung von Vliesstoffen. Neben der Herstellung von kardierten Vliesstoffen im Krempelverfahren in Kombination mit unterschiedlichen Verfestigungsmethoden (mechanisch, thermisch oder hydrodynamisch), wurden ebenso aerodynamisch gelegte Vliesstoffe näher betrachtet [12]. Weitere Untersuchungen dienten der Herstellung von rCF-Kardenbändern und Garnen [13].

1 Reißmaschine 2 Füllschacht 3 Airlay 4 Krempel

Abbildung 3: Carbonfasertechnikum am STFI, Quelle: STFI.

Abbildung 3 zeigt die am STFI vorhandene Anlagentechnik zur Aufbereitung von trockenen Carbonfaserabfällen und Herstellung von Vliesstoffen mittels Krempel-

bzw. Airlayverfahren. Die Demolinie im futureTEX Forschungs- und Versuchsfeld bietet die optimale Testumgebung zur Umsetzung des Forschungsvorhabens entsprechend „Industrie 4.0".

Im Laufe des Projekts wurde eine im Rahmen von futureTEX-Invest (futureTEX Invest, Modul 7, BmBF FKZ 03ZZ06X07) beschaffte Laborkrempel im FIBRE in Betrieb genommen. Das Gerät gliedert sich ebenfalls in das futureTEX Forschungs- und Versuchsfeld ein und war bereits ab Werk mit Graf-Garnituren bestückt, um damit unmittelbar Arbeiten in HPF-Garnitur an Aramid- und Glasfasern übernehmen zu können. Nach Lieferung des nachbewilligten Öffners im April 2020 stand das System vollumfänglich auch für Dauerbetrieb zur Verfügung. In Abbildung 4 ist der erste Versuchstag für HPF-Garnitur an der Anlage mit durch den Partner NORAFIN zur Verfügung gestellten Aramidfasern dargestellt.

Abbildung 4: Laborkrempel im FIBRE; (a) Gesamte Anlage, vorne Öffner, (b) Aramidfasern beim Einzug in den Öffner und (c) Aramidflor nach Krempel.

Die Laboranlage ermöglichte zunächst, die Bildanalyse in kleinem Maßstab zu testen und anschließend in den Technikumsmaßstab am STFI zu übertragen. Die Validierung im Industriemaßstab konnte im weiteren Projektverlauf an den Produktionsanlagen der Industriepartner durchgeführt werden.

Die Zusammenarbeit mit Partnern außerhalb des Verbundvorhabens ist ebenfalls bereits in der Verbundvorhabenbeschreibung beschrieben und erfolgte wie geplant in Form von Unteraufträgen. Diese sind in Abschnitt II.1 dargestellt.

II Durchführung des Projekts

II.1 Arbeitsteilung im Vorhaben

Die Arbeitsteilung innerhalb des Konsortiums war durch den Arbeitsplan geregelt (vgl. Abbildung 5). Als übergeordnete Stelle agierte der Partner FIBRE, welcher die

Arbeitsteilung überwachte und als Ansprechpartner bei Engpässen zur Verfügung stand. Als Verbundkoordinator wurde Herr Dr. Holger Fischer benannt.

futureTEX													
VP 35	HPF-Garnitur												
		Jahr	2019	2020				2021				2022	
		Quartal	Q4	Q1	Q2	Q3	Q4	Q1	Q2	Q3	Q4	Q1	Q2
		Σ PM											
AP	**Titel**	129,4	11,6	15,7	11,2	7,4	9,6	11,8	14,8	13,6	18,3	12,7	2,9
1	**Rahmenbedingungen Garnituren, Verschleißmonitoring**	18,5	10,1	8,4									
2	**Entwicklung Garnituren für verschiedene Hochleistungsfasern**	18,1	1,5	6,3	7,9	2,4							
3	**Entwicklung on-line Verschleißmessung**	16,3		1,0	3,3	5,0	4,0	1,5	1,5				
4	**Integration Prüfverfahren in die Prozesskette, Feldtests**	28,9					5,6	10,3	10,0	3,0			
5	**Nachweis der industriell umsetzbaren Verschleißmessung**	27,6							3,3	9,1	11,2	4,0	
6	**Industriell umsetzbare optimierte Verarbeitung**	20,2								1,5	7,1	8,7	2,9
MS	**Titel**												
MS1	Optimierte verschleißarme Garnituren					MS1							
MS2	on-line Verschleißmessung möglich								MS2				
MS3	Industrietauglicher optimierter Prozess											MS3	

Abbildung 5: Balkenplan des Vorhabens HPF-Garnitur.

Alle Partner hatten im Wesentlichen Schwerpunkte innerhalb ihrer eigenen Kernkompetenz zu bearbeiten, um so zum Gesamterfolg des Vorhabens beizutragen:

- FIBRE: das FIBRE war verantwortlich für die Koordination des Vorhabens, AP3 „Entwicklung der online Verschleißmessung" sowie AP5 „Nachweis der industriell umsetzbaren Verschleißmessung, Verifizierung bei den Industriepartnern". Weiter leistete es wesentliche Beiträge zur Ermittlung der Rahmenbedingungen für Garniturentwicklung und Verschleißmonitoring in AP1; zur Integration der Prüfverfahren in die Prozesskette in AP4 sowie zur Entwicklung der qualifizierten, industriell umsetzbaren Verarbeitung in AP6.
- STFI: das STFI war verantwortlich für AP1 „Rahmenbedingungen für Garniturentwicklung und Verschleißmonitoring", AP4 „Integration Prüfverfahren in die Prozesskette & Feldtests" sowie AP6 „Industriell umsetzbare optimierte Verarbeitung". Weiter leistete es wesentliche Beiträge zur Entwicklung von Garnituren für verschiedene Hochleistungsfasern in AP2 sowie zum Nachweis der industriell umsetzbaren Verschleißmessung in AP5.
- GRAF: der Partner GRAF war verantwortlich für AP2 „Untersuchungen zur Entwicklung der Garnituren für verschiedene Hochleistungsfasern". Weiter leistete er wesentliche Beiträge zur Entwicklung der online Verschleißmessung in AP3, zur Integration des Prüfverfahrens in die Prozesskette in AP4 sowie zum Nachweis der industriell umsetzbaren Verschleißmessung in AP5.
- TENOWO: die Tenowo GmbH leistete wesentliche Beiträge zur Integration des Prüfverfahrens in die Prozesskette in AP4, zum Nachweis der industriell umsetzbaren Verschleißmessung und Validierung für die Verarbeitung von rCF in AP5 sowie zur Entwicklung der qualifizierten, industriell umsetzbaren Verarbeitung in AP6.

- ASGLAWO: die ASGLAWO® technofibre GmbH leistete wesentliche Beiträge zum Nachweis der industriell umsetzbaren Verschleißmessung und Validierung für die Verarbeitung von Glasfasern in AP5 sowie zur Entwicklung der qualifizierten, industriell umsetzbaren Verarbeitung in AP6.
- NORAFIN: Norafin Industries GmbH leistete wesentliche Beiträge zum Nachweis der industriell umsetzbaren Verschleißmessung und Validierung für die Verarbeitung von Aramidfasern in AP5 sowie zur Entwicklung der qualifizierten, industriell umsetzbaren Verarbeitung in AP6.

Alle Partner bearbeiten damit wesentliche Teile des Vorhabens. Diese Arbeiten könnten in dieser Form nicht von den jeweils anderen Partnern geleistet werden. Der Ablauf des Vorhabens und die Verbindungen der einzelnen APs sind in Abbildung 6 schematisch dargestellt.

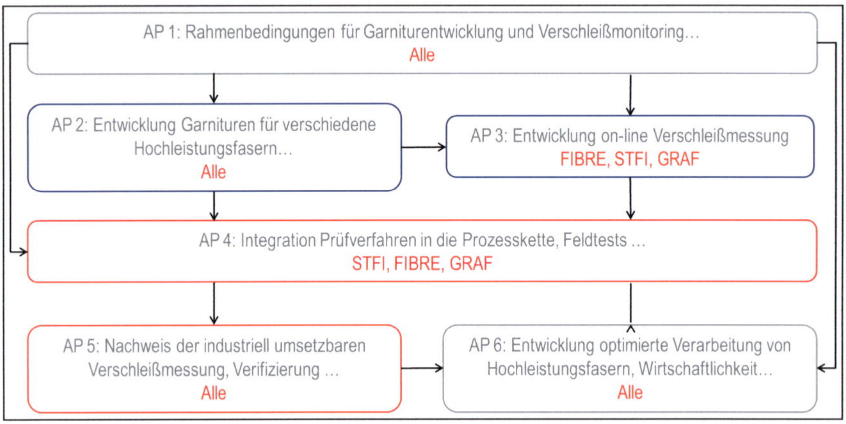

Abbildung 6: Schematische Darstellung der Zusammenarbeit im Vorhaben.

Zusammenarbeiten mit Partnern außerhalb des Verbundvorhabens erfolgten im Wesentlichen in den Bereichen Nachrüstung der Anlagentechnik sowie Analysen in Form von Unteraufträgen.

Die Ergebnisse werden in Reihenfolge der Arbeitspakete detailliert in den folgenden Abschnitten dargestellt.

II.2 Arbeitspaket 1 / Rahmenbedingungen für Garniturentwicklung und Verschleißmonitoring

Fokus wurde auf die Überprüfung des Verschleißes der Garnituren auf den Arbeiter-Wenderpaaren gelegt.

Abbildung 7 zeigt die Technikumsanlage des STFI ohne das 1. Arbeiter-Wenderpaar, welches zum Garniturwechsel entnommen wurde.

Abbildung 7: Technikumsanlage STFI ohne 1. Arbeiter-Wenderpaar während des Garniturwechsels, Quelle: STFI.

Im Vorhaben erfolgten zunächst eine offline- sowie eine semi-online-Analyse zur Beurteilung des Verschleißes. Diese ermöglichten eine Quantifizierung sowie Klassifizierung unterschiedlicher Beschädigungs- und Verschleißerscheinungen.

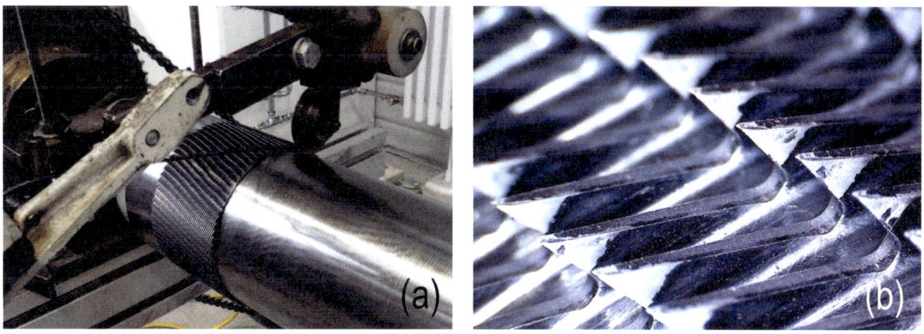

Abbildung 8: (a) Aufziehen der Neugarnitur auf 1. Arbeiter und (b) USB-Mikroskopieaufnahme der Neugarnitur auf 1. Arbeiter, Quelle STFI

Zur Beurteilung des Verschleißes der Garnituren am STFI wurden in Zusammenarbeit mit dem Projektpartner GRAF insgesamt zwei Arbeiter- und Wenderpaare (das 1. und 3. Arbeiter-Wenderpaar) gewechselt. Es folgte das Aufziehen der Neugarnitur „V.D-5030--12" der Fa. GRAF, welche wie die Altgarnitur einen Arbeitswinkel von 30° aufweist.

In Abbildung 8 sind (a) der Aufziehvorgang der Neugarnitur auf den Walzenkörper sowie (b) die aufgezogene Neugarnitur auf der Walze nach deren Einbau in die Technikumsanlage dargestellt.

II.3 Arbeitspaket 2 / Untersuchungen zur Entwicklung der Garnituren für verschiedene Hochleistungsfasern

Zur Beurteilung der Garnituren und Optimierung erfolgte zunächst eine offline Analyse der Garnituren der Partner. Darauf basierend wurde das System zur online Analyse der Garnituren zunächst in den Technika der Institute getestet und kam schließlich in der Produktion der Industriepartner zum Einsatz. Die Entwicklung ist in den nachfolgenden Unterabschnitten dargestellt.

II.3.1 Offline Analyse

Bei der offline Analyse wurden sowohl am STFI als auch bei den Industriepartnern Probestücke von Garnituren entnommen und diese näher unter einem Digitalmikroskop (Typ VHX 1000) der Fa. Keyence Deutschland GmbH, Neu-Isenburg sowie einem Rasterelektronenmikroskop (Typ QuantaTM 250 FEG) der Fa. FEI Company, Hillsboro, Oregon, USA, untersucht. Der Fokus der Untersuchungen lag auf der Betrachtung der Prozessstellen mit dem höchsten Verschleiß. Bedingt durch den Kardiervorgang standen Arbeiter-Wender- und Tambourgarnituren im Vordergrund. Ebenso wurden die Übertragungs- und Wirrwalzen näher betrachtet.

Die Garniturstücke wurden gleichwohl vor und nach deren Einsatz in der Anlage untersucht, um die genauen Verschleißerscheinungen erfassen zu können.

Abbildung 9 zeigt beispielhaft Lichtmikroskopieaufnahmen von Zähnen einer Neu– und Altgarnitur eines Tambours im Vergleich. Wie deutlich erkennbar ist, sind vor allem der Brustwinkel, aber auch die Zahnspitze vom Verschleiß betroffen. Zur näheren Untersuchung der einzelnen Zähne wurden REM-Aufnahmen angefertigt.

Abbildung 10 zeigt die REM-Aufnahmen von Zähnen der Neu- und Altgarnitur des Tambours. Der Verschleiß der Altgarnitur ist gut erkennbar: die Spitze des Zahns ist deutlich abgerundet und am Brustwinkel sind Riefen erkennbar.

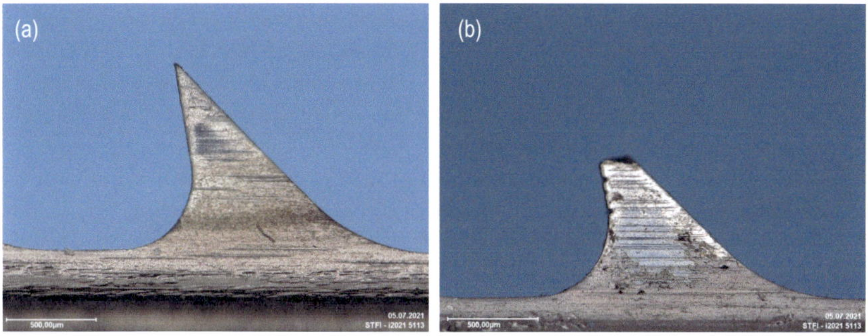

Abbildung 9: Lichtmikroskopieaufnahmen einer Neugarnitur (a) und Altgarnitur (b) eines Tambours, Quelle: STFI

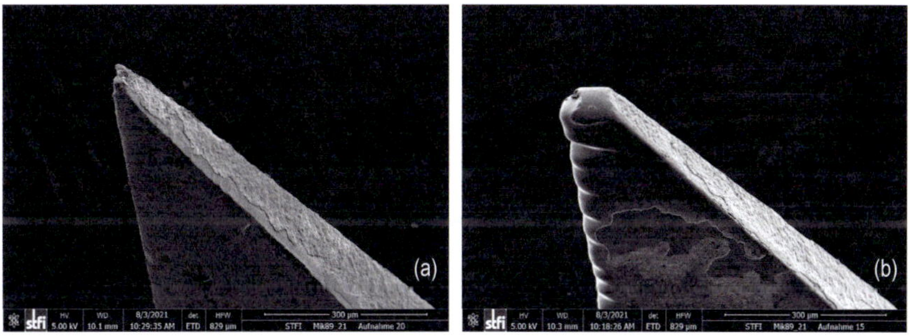

Abbildung 10: REM-Aufnahmen einer Neu- (a) und Altgarnitur (b) eines Tambours, Quelle: STFI.

Die Auswertung der Mikroskopiebilder der unterschiedlichen Garnituren des STFI und der Industriepartner ermöglichte eine Klassifizierung verschiedener Beschädigungs- und Verschleißerscheinungen. Die im Rahmen des Vorhabens ermittelten Auffälligkeiten der Garnituren sind in Tabelle 1 aufgelistet. Es wurden Verschmutzungen, Zahnverfärbungen, aufgespaltene oder verformte Zähne sowie fehlende Zähne ermittelt.

Verschmutzungen treten vor allem bei den Öffnungswalzen und (wie in diesem Fall) den Vorwalzen auf. Dies lässt sich damit begründen, dass die Faserflocken mittels Öffnungswalzen zunächst geöffnet werden und Avivagen bzw. Schlichten sich beim ersten Kontakt mit der Garnitur bedingt durch die Faser-Faser- und Faser-Metall-Reibung auf den Garnituren ablegen können. Die Avivagerückstände führen u.U. zu einer unerwünschten Klebrigkeit, was ein verstärktes Anhaften von Fasern und Verschmutzungen auf den Garnituren bewirkt. Im Extremfall kann dies zu einem „Zusetzen" der Walzen führen, wodurch eine Säuberung der Walzen unumgänglich wird und somit ungewollte Wartungsarbeiten und nicht geplante Prozessstopps eintreten. Aus diesem Grund ist der Zustand der Garnituren auch hinsichtlich möglicher Verschmutzungen zu untersuchen und zu bewerten.

Beschädigung / Verschleißerscheinung					
Beschreibung	(a) Verschmutzung durch Avivage- oder Schlichterückstände und (Faser-) Staub	(b) Verfärbung der Zahnspitze durch Überhitzung oder Nachschleifprozess	(c) Aufgespaltene Zahnspitze durch (Metall-) Fremdkörper im Prozess	(d) Verformter Zahn durch Fremdkörper im Prozess	(e) Fehlender Zahn durch Fremdkörper im Prozess

Tabelle 1: unterschiedliche Beschädigungen und Verschleißerscheinungen Bildquelle: STFI.

Weiterhin können Verfärbungen der Zahnspitze durch auftreten hoher Temperaturen verursacht werden. In diesem Fall, siehe Tabelle 1 (b), handelt es sich um eine Arbeitergarnitur, welche aufgrund eines Nachschleifprozesses eine Überhitzung erfuhr. Abbildung 11 weist den Nachschleifprozess aufgrund der Form der Zahnspitze nach. Die Spuren des Abschleifens der Zahnspitze sind deutlich erkennbar.

Abbildung 11: Abgeschliffene Zahnspitze von oben, Quelle: GRAF

Weiterhin konnten Beschädigungen der Zahnspitzen und Zähne ermittelt werden. Hierzu zählen sowohl aufgespaltene Zahnspitzen als auch verformte Zähne und sogar fehlende Zähne. Diese Beschädigungen lassen sich auf Fremdkörper wie z.B. Metallteile im Prozess zurückführen.

II.3.2 Semi-online-Analyse

Wie in der Industrie üblich, wurde auch im Rahmen des Vorhabens eine Analyse der Garnituren unter Verwendung eines USB-Digitalmikroskops (2.0 Megapixel, 50-fache optische Vergrößerung und 200-fache digitale Vergrößerung) der Fa. Plugable Technolgies, Redmond, USA, durchgeführt. Die semi-online-Analyse ermöglichte einerseits die Beurteilung des Zustandes der Garnituren an der Anlage, andererseits das Erstellen eines Anforderungsprofils für die zu entwickelnde online-Analyse.

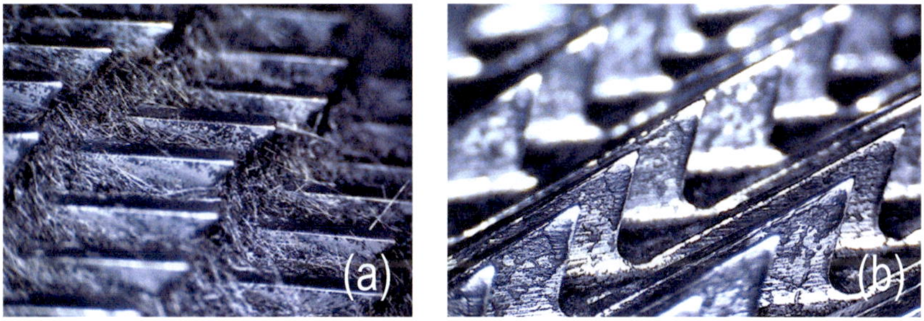

Abbildung 12: (a) Faseransammlung auf der Garnitur einer Einzugswalze und (b) Ablagerungen auf der Garnitur einer Vorreißerwalze, Quelle: STFI.

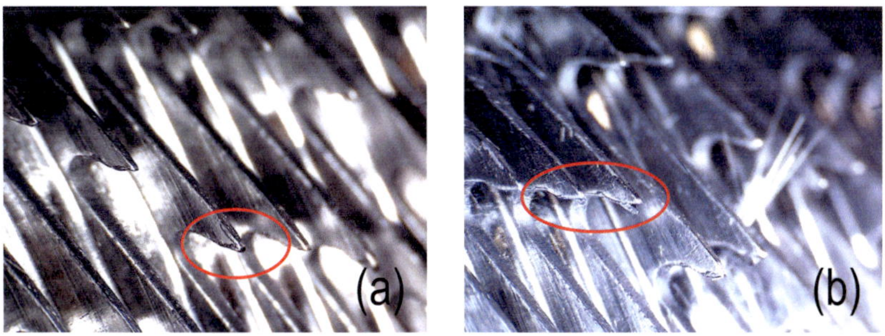

Abbildung 13: (a) Verschleißerscheinung an der Zahnspitze sowie (b) aufgespaltene Zahnspitzen, Quelle: STFI.

Abbildung 12 zeigt ermittelte Faseransammlungen (a) und andere Verschmutzungen (b) auf Garnituren von Einzugs- und Vorreißerwalzen am STFI.

Weiterhin konnten, wie in Abbildung 13 ersichtlich, Verschleiß – und Beschädigungserscheinungen an Zahnspitzen der Garnituren am STFI detektiert werden. Eine Bewertung der Auffälligkeiten der Garnituren war mit dem USB-Mikroskop nur mit geschultem Fachpersonal der Fa. GRAF möglich.

Anforderung	Einstellung 1	Einstellung 2
Fokussieren mehrerer Zähne einer Zahnreihe		
Verhindern von Lichtreflexionen bei der Messung	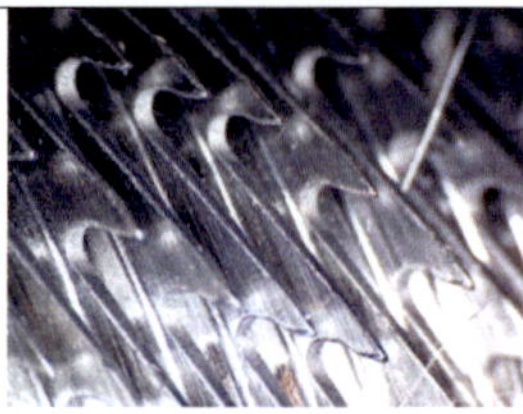	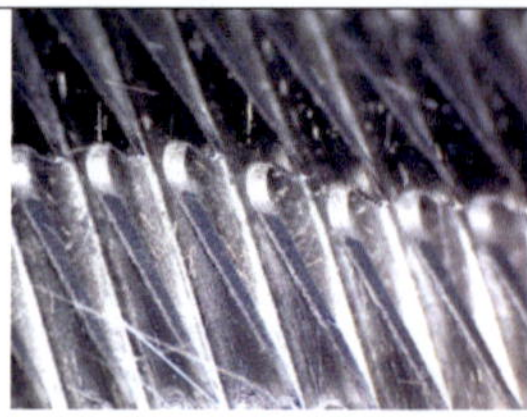
gleicher Aufnahmewinkel zur Beurteilung notwendig		

Tabelle 2: Anforderungen an die online Verschleißmessung, Quelle: STFI.

Aufgrund der Untersuchungen der Garnituren mit einem USB-Mikroskop ergaben sich einige Anforderungen an die zu entwickelnde online Verschleißmessung. Diese Anforderungen sind in Tabelle 2 jeweils mit Beispielbildern gegenübergestellt. Die Beispielbilder verdeutlichen die Schwierigkeiten hinsichtlich des Fokussierens, der Lichtreflexion sowie des Einstellungswinkels. Je nach Einstellung und Handhabung des USB-Mikroskops fällt der Einfluss dieser Parameter unterschiedlich stark aus.

Zur reproduzierbaren Ermittlung eines Verschleißes sind, wie in Tabelle 2 dargestellt, neben der Fokussierung mehrerer Zähne auch das Verhindern von Lichtreflexionen und ein konstanter Aufnahmewinkel notwendig.

Das Fokussieren mehrerer Zähne in einer Zahnreihe soll ein schnelles Analysieren der gesamten Garnitur ermöglichen. Hierzu müssen mehrere Zahnkanten einer Zahnreihe für die Analysesoftware deutlich erkennbar fokussiert sein.

Wichtig für die online Analyse ist zudem die Entwicklung eines geeigneten Beleuchtungskonzepts. Unerwünschte Lichtreflexionen müssen unterbunden werden, damit die Kanten der Garnituren scharf und kontrastreich abgebildet und analysiert werden können.

Weiterhin ist ein konstanter Aufnahmewinkel notwendig. Unterschiedliche Einstellungswinkel der Kamera verändern die Auswertbarkeit der Bilder. Zudem muss festgelegt werden, ob die Zahnspitze oder die Seite des Zahnes untersucht werden soll. Im Rahmen des Vorhabens lag der Fokus auf der Untersuchung der Veränderung der Garniturkanten, um Ausbrüche und Verformungen erkennen zu können. Optische Veränderungen der Zahnseite beeinflussen die Wirksamkeit der Garnituren nicht. Farbliche Veränderungen, wie in Tabelle 1, S. 12 zu sehen sind, werden daher in der zu entwickelnden online Analyse zunächst nicht berücksichtigt. Aufgrund der bereits genannten Veränderung der Zahnspitze (Abbildung 11, S. 12) wird jedoch der verfärbte Zahn indirekt berücksichtigt.

II.4 Arbeitspaket 3 / Entwicklung der online Verschleißmessung

Am FIBRE erfolgte die Entwicklung einer online Analyse zur Bewertung des Verschleißes von Garnituren. Das entwickelte online Analysesystem beruht auf einer digitalen Industriekamera mit einem geeigneten Objektiv und einer dazu konzipierten Beleuchtungsanordnung. Das System wird auf einem Gestell aus Aluminiumprofilen an der Anlage montiert und ermöglicht so die Aufnahme reproduzierbare Bilder der gewählten Messpositionen bei Maschinenstillstand.

Der Aufbau ermöglicht die Feinjustierung der Kameraposition entlang der optischen Achse, über einen Verfahrweg von etwa 10 cm. Hierzu wird ein Schrittmotor eingesetzt, mit dem die Kamera über den Abstand auf einzelne Zahnreihen fokussiert wird. Parallel zur zu messenden Walzenachse befindet sich der Kameraschlitten auf einer Linearschiene, über die dieser an die entsprechende Messposition bewegt wird. Die Beleuchtungseinheit ist so angeordnet, dass die Zähne im Bildbereich von der Rückseite und der Oberseite angeleuchtet werden. Dies führt zu starken Konturen in den Aufnahmen, wodurch die Segmentierung der Einzelzähne ermöglicht wird.

Mittels des Aufbaus ist auch die Messung größerer Anlagen möglich.

Abbildung 14: Messaufbau an Wender 3 der Laborkrempel (a), am Tambour (b) sowie Messung an Arbeiter 1 (c), Quelle FIBRE

Erste orientierende Messungen erfolgten dazu an der Laborkrempel des FIBRE (vgl. Abbildung 14). Wie bereits in Abschnitt II.3.2 erläutert, hängt die optimale Aufnahmeposition von der zu untersuchenden Walzen- und Garniturgeometrie ab, weshalb die Kamerapositionierung walzenspezifisch angepasst wird. Anhand der vorgegebenen Werte, Walzendurchmesser und Arbeitswinkel, lassen sich Kantenausbrüche und beschädigte Spitzen detektieren.

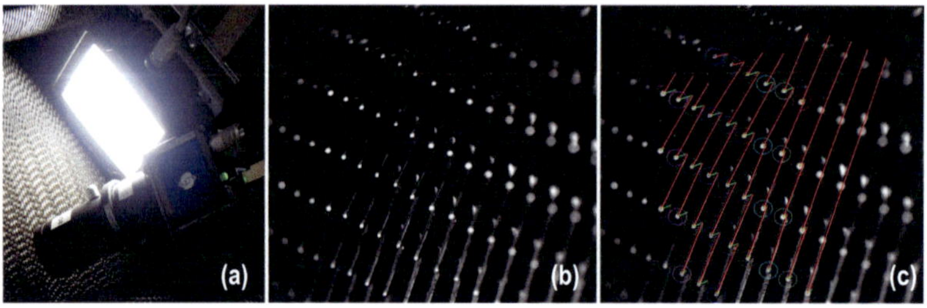

Abbildung 15: Online Messung einer Arbeitergarnitur mit (a) Kamera- und Beleuchtungseinheit, (b) Originalbild sowie (c) nach Kantenerkennung und –markierung, Quelle FIBRE

Durch eine Kantenerkennung (siehe Abbildung 15) Brust- und Arbeitskante der Garnitur markiert. Aus den markierten Kanten wird im zweiten Schritt die Spitze des Zahns ermittelt. Über diese Informationen können nun die einzelnen Zähne segmentiert werden und so Beschädigungen an den Zahnspitzen (Abrundungen oder Ausbrüche) sowie Veränderungen des Zahns, wie bspw. Verformungen, ermittelt werden.

Um die aus dem Aufnahmewinkel von 45° resultierende Verzerrung des Bildes zu kompensieren, ist eine Perspektivenkorrektur erforderlich (s. Abbildung 16). Dies ermöglicht eine reproduzierbare Auswertung der erhaltenen Bilder.

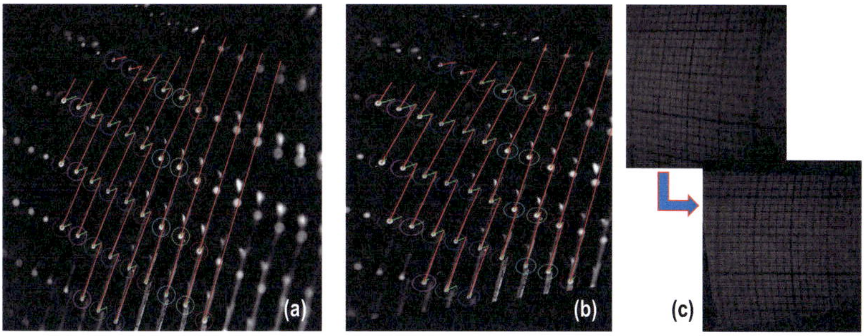

Abbildung 16: Bild nach Kantenerkennung (a), mit Perspektivenkorrektur (b) und Hilfsgitter zur Visualisierung der Perspektivkorrektur (c), Quelle FIBRE

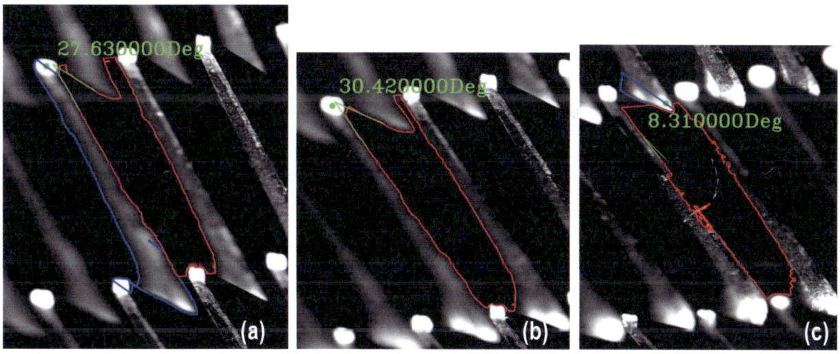

Abbildung 17: Winkelerkennung anhand der Seitenflächen: korrekte Messung (a), (b) und Fehlrekonstruktion durch Faser (c), Quelle FIBRE

Die gezeigte Kantenerkennung ist damit gut in der Lage, den Arbeitswinkel der Garnitur zu ermitteln. Allerdings stößt die Methode bei bereits stark verschlissenen oder bereits fehlenden Spitzen der Zähne an ihre Grenzen, weil dann die Position der Spitze als Ankerpunkt der Winkelmessung stärker schwankt. Im Falle bereits stark verschlissener Garnituren käme auch die Winkelbestimmung anhand der Erkennung der Seitenflächen wie in Abbildung 17 in Betracht. Allerdings ist diese Methode störanfälliger: bereits durch verbliebene Fasern im Bild kann es hier, wie in Abbildung

17 (c) gezeigt, zu gravierenden Fehlrekonstruktionen kommen, so dass bislang eine aufwendige visuelle Nachkontrolle bei dieser Art Auswertung erfolgen muss.

Für „normale“, d.h. neue und normal verschlissene Garnituren, ist daher die direkte Kantenerkennung anhand der Spitzenposition (vgl. Abbildung 16) zu bevorzugen. Im Ergebnis ist die Bildanalyse daher gut zur Messung des Garniturverschleißes geeignet:

- die Krempelzahnung ist bildanalytisch gut erfassbar.
- ABER: die optimale Aufnahmeposition hängt von Walzendurchmesser und Zahnwinkeln ab; sie ist also walzenspezifisch und kann ggf. erst vor Ort am Gerät ermittelt werden.
- Brust- und Arbeitswinkel sowie Kantenausbrüche / beschädigte Spitzen sind auswertbar.
- die Kantenerkennung anhand der Spitzenposition in Verbindung mit einer Perspektivenkorrektur (vgl. Abbildung 16) ermöglichen eine reproduzierbare Auswertung.

Diese Methode wurde anschließend, wie im folgenden Abschnitt geschildert, im Technikumsmaßstab beim Partner STFI in die Prozesskette integriert.

II.5 Arbeitspaket 4 / Integration des in AP 3 entwickelten Prüfverfahren in die Prozesskette und erste Feldtests zur Verarbeitung der verschiedenen Fasertypen im Technikumsmaßstab

Die Integration der online Analyse in die Prozesskette erfolgte an der Technikumsanlage des Partners STFI und wurde in Zusammenarbeit mit dem Partner FIBRE durchgeführt. Die ersten Ergebnisse machten die Notwendigkeit weiterer Verbesserungen an Kamerahalterung und Beleuchtung deutlich. Weitere Störeinflüsse, wie Restfasern und Verunreinigungen auf den Garnituren, wurden identifiziert und Methoden zur Vermeidung entwickelt. Basierend auf den Erkenntnissen aus AP 3 kam hier erstmals die finale Kantenerkennung in Kombination mit der Perspektivenkorrektur zum Einsatz. Diese sind bereits beispielhaft in Abbildung 15 und Abbildung 16 dargestellt.

Abbildung 18 zeigt den modifizierten Messaufbau an Arbeiter 2 der Krempel im STFI. Der Kamerawagen mit angeflanschter LED-Beleuchtungseinheit ist durch eine angeordnete Wellenführung nahezu erschütterungsfrei parallel zur jeweils zu messenden Walze verfahrbar.

Zum Einsatz kam hier erstmals eine Gestellkonstruktion mit verstärkten Seitenwangen, die bei Bedarf auf bis zu 3 m Höhe verlängert werden können, sowie ein Querbalken in Rahmenkonstruktion mit internen Verstrebungen im Abstand von ca. 1 m.

Dieser kann durch Verbindung mehrerer Elemente auf bis zu 5 m verlängert werden, um auch die größte bei den Partnern vorhandene Anlage analysieren zu können.

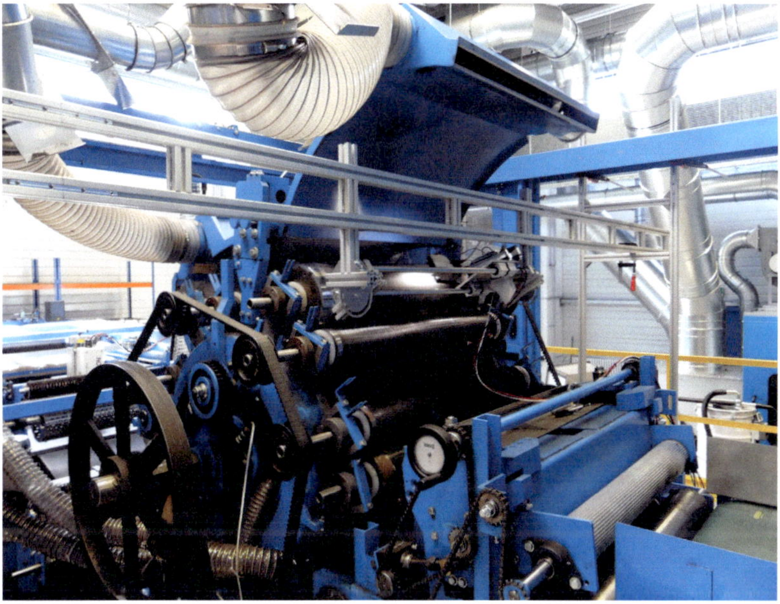

Abbildung 18: finaler Messaufbau an Arbeiter 2 der Krempel im STFI, Quelle: STFI.

In Abbildung 19 ist die Messung an Arbeiter 2 der Anlage im Detail dargestellt: im Vordergrund die Kamera- und Beleuchtungseinheit. Die Kamera hängt zur optimalen Fokussierung nur ca. 2 mm über den Zähnen, so dass bei der Positionierung des Gestells sorgfältiges Arbeiten unerlässlich ist, um Schäden an Anlage und Bildanalyseaufbau zu vermeiden. Die Bildaufnahme erfolgt in diesem Versuchsaufbau über einen per Gigabit-Ethernet angeschlossenen Laptop, wäre aber dank der Netzwerkverbindung auch mit jedem regulären Steuerungscomputer möglich.

Eine abschließende Validierung erfolgte schließlich auf der Laboranlage im FIBRE. Die in den AP 3 & 4 erfolgten Weiterentwicklungen zur verbesserten Kantenerkennung sowie Perspektivenkorrektur ermöglichen eine reproduzierbare Auswertung auch übergreifend über unterschiedliche Anlagen mit individuellen Walzengeometrien.

Die Verifizierung der entwickelten Methode erfolgte anschließend, wie im folgenden Abschnitt dargestellt, bei den Industriepartnern.

Abbildung 19: Detailaufnahme der Kamera- und Beleuchtungseinheit bei der Messung an Arbeiter 2 der Krempel im STFI, Quelle: STFI.

II.6 Arbeitspaket 5 / Nachweis der industriell umsetzbaren Verschleißmessung, Verifizierung bei den Industriepartnern

Zur Verifizierung der Methode im Industriebereich erfolgten Versuche zur online Verschleißmessung bei den Industriepartnern. Auch hier konnten die erwarteten Verschleißerscheinungen sowie Schäden durch Fremdkörper im Prozess detektiert werden. Diese sind anhand einiger Beispiele im Folgenden dargestellt.

Die Aufnahmen in Abbildung 20 zeigen exemplarisch Arbeiter 2 und Wender 2 einer Krempel in einem guten Zustand. Es waren zum Zeitpunkt der Messung wenig bis keine Verschleißerscheinungen zu erkennen. Lediglich Wender 2 wies eine Schadstelle durch Fremdkörper auf, die jedoch wegen ihrer geringen Ausdehnung keinen signifikanten Einfluss auf die Produktqualität hatte.

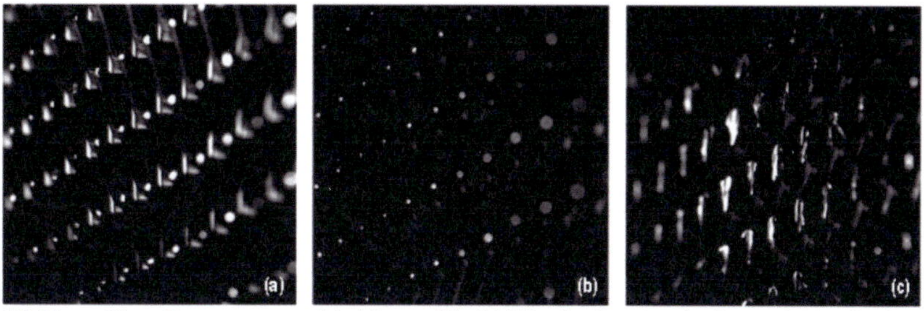

Abbildung 20: Garnituren von (a) Arbeiter (2), (b) Wender 2 unbeschädigt und (c) Schadstelle durch Fremdkörper auf Wender 2, Quelle: FIBRE.

Prinzipiell wird es mit dieser Methode möglich, im Rahmen der Messung derartige Schadstellen zu quantifizieren. Eine Vorhersage, ob diese Schadstelle die Produktqualität beeinflusst, wird damit prinzipiell umsetzbar. Allerdings müsste dazu noch eine entsprechende Datenbasis erarbeitet werden.

In Abbildung 21 sind Arbeiter 1 sowie die Dichtwalze einer Krempel dargestellt. Auch hier sind zum Zeitpunkt der Messung wenig bis keine Verschleißerscheinungen zu erkennen. Allerdings weist die Dichtwalze leichte Verunreinigungen und Faserreste auf. Diese könnten in größerer Menge auch die Bildanalyse stören.

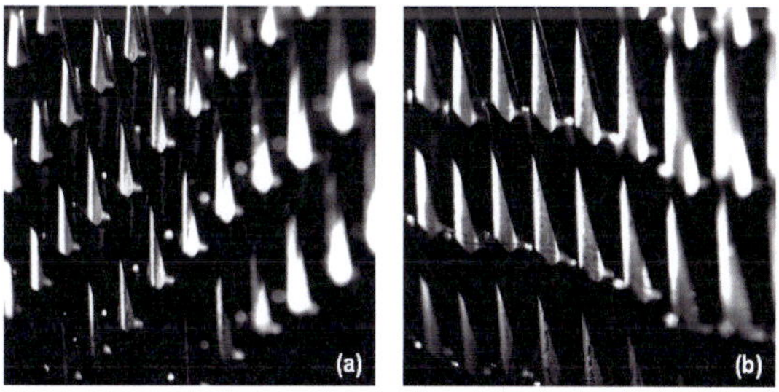

Abbildung 21: Garnituren von (a) Arbeiter 1 und (b) Dichtwalze mit Restfasern, Bildquelle: FIBRE.

In Abbildung 22 ist anhand des Vergleichs einer Alt- und Neugarnitur des Tambours einer Krempel (aufgenommen direkt vor bzw. nach dem Garniturwechsel) die maximal detektierbare Verschleißdifferenz dargestellt. Rechts im Bild ist (b) die Neugarnitur mit voll erhaltener scharf ausgebildeter Spitze und intakten Seitenkanten zu erkennen. Im Vergleich dazu zeigt die verschlissene Spitze (a) die typischen Verschleißerscheinungen einer gerade noch benutzbaren Garnitur mit bereits rund geschliffener, aber noch vorhandener Spitze und durch die Fasern ausgeschliffenen

Riefen in der Seitenkante der Brustflanke. Die Stärke der Riefen nimmt zur Spitze hin zu. Bei weiter fortschreitendem Verschleiß würde die Spitze dann komplett abgetrennt, so dass auch die Zahnhöhe abnehmen und die Produktqualität merklich beeinflusst würde.

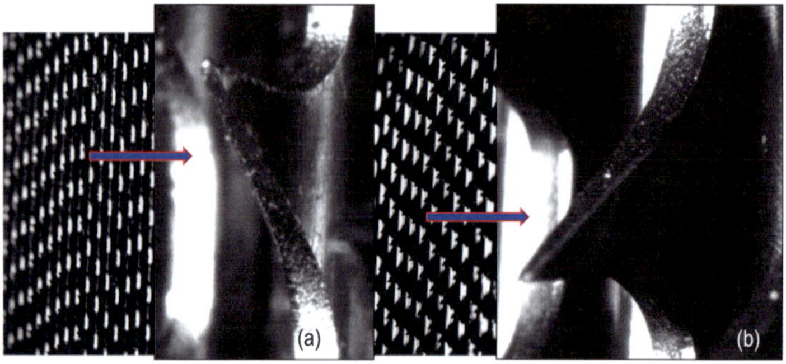

Abbildung 22: Tambourgarnitur (a) verschlissen und (b) neu/unbenutzt, Quelle: FIBRE.

Dieses Ergebnis deckt sich mit der bereits in Abbildung 10 auf S. 11 gezeigten Verschleißanalyse mittels REM. Das hier detektierte Verschleißbild ist identisch und zeigt damit, dass die Auflösung der Bildanalyse mit Hilfe der Industriekamera ausreichend hoch ist, um die auftretenden Verschleißmuster an industriell genutzten Krempeln detektieren und bewerten zu können.

II.7 Arbeitspaket 6 / Entwicklung der industriell umsetzbaren optimierten Verarbeitung von Hochleistungsfasern

Wie in den voranstehenden Abschnitten beschrieben, konnte gezeigt werden, dass die Analyse des Verschleißes von Krempelgarnituren an realen Anlagen bis hin zu industriellen Produktionsanlagen möglich ist.

Aufbauend auf der Bewertung der ermittelten Bilder ist eine Diskussion mit allen Industriepartnern erfolgt, um ein Modell der industriell umsetzbaren Verschleißmessung zu erstellen. Das entwickelte Verfahren befindet sich nach erfolgreichem Abschluss des Vorhabens im Status des proof-of-concept, so dass eine belastbare Betrachtung der Wirtschaftlichkeit noch nicht möglich ist. Aus Sicht der Beteiligten wäre es die sinnvolle und logische Konsequenz, im Rahmen eines inhaltlich anschließenden Projekts unter Beteiligung eines industriellen Messgerätebauers das Verfahren über die Konstruktion von Prototypen zur Serienreife weiter zu entwickeln. Erst dann ist sinnvoll abschätzbar, unter welchen Bedingungen sich die Verschleißmessung für welche Anwender rechnet.

Gleichzeitig sind sich die Partner einig, dass diese Analyse eine große Unterstützung für die Planung der Produktion sowie der Wartungsintervalle wäre, sobald der Einsatz wirtschaftlich sinnvoll ist. Die Ergebnisse des AP sind detailliert im folgenden Abschnitt II.8 beschrieben.

II.8 Verwertung und wirtschaftliche Bedeutung

Besonders die interdisziplinäre Zusammensetzung des Verbundkonsortiums entlang der Wertschöpfungskette war ein Garant für die direkte Umsetzung der Ergebnisse in allen Bereichen der Textilbranche und wird darüber hinaus eine Ausweitung des Kenntnistransfers auf andere Industriezweige ermöglichen. Aufbauend auf den Ergebnissen des Projektes lassen sich zukünftig Technologiesynergien ableiten, welche Weiterentwicklungen in andere Zielmärkte, z. B. neue Leichtbauanwendungen, positiv beeinflussen werden. Auch im Bereich des Produktionsmanagements und Verschleißmonitorings ergeben sich Synergien, welche durch die Übertragung der Prüf- und Bewertungsmaßnahmen auf andere Bereiche der Verarbeitung einen Fortschritt in der Textilbranche erzeugen werden.

Spätere Anwender profitieren von den Projektergebnissen in mehrfacher Hinsicht: längere Maschinenlaufzeiten durch vergrößerte Wartungsintervalle, bessere Produktionsplanung durch Planbarkeit der Wartungspausen und verbesserte Produktqualität.

Als direkte Umsetzung haben die beteiligten Partner bereits im Projekt Know-how über die Verschleißmechanismen gewonnen, das es ihnen ermöglicht, mit einfachen Mitteln (USB-Mikroskop) den Verschleiß nach wie vor manuell, aber etwas genauer als bislang zu beobachten. Dies kann punktuell bereits zu Erleichterungen führen. Eine wirksame Umsetzung der Projektergebnisse kann jedoch nur durch eine Kommerzialisierung des Messverfahrens in Zusammenarbeit mit einem Messgerätehersteller erfolgen. Erst so kann im Anschluss auch eine Marktverfügbarkeit garantiert werden. Die Basis dafür ist im Rahmen des Projekts gut vorbereitet worden: die verwendete Technik basiert auf in Serie erhältlichen robusten Industriekomponenten (Kamera, Objektive, Beleuchtung etc.), die Software ist auf marktüblicher Hardware unter Standard-Betriebssystemen lauffähig, so dass in der Umsetzung keine grundsätzlichen Transferhindernisse zu erwarten sind.

Als Basis für spätere Weiterentwicklungen wurde im Vorhaben Grundlagenwissen über abrasiv belastete Elemente in der Textilindustrie geschaffen. Eine Übertragbarkeit der Ergebnisse auf weitere textile Prozesse, wie beispielsweise die Vliesstoffverfestigung durch Vernadelung (Abrasion der Nadeln) oder die Verfestigung durch das Nähwirkverfahren Maliwatt, sind möglich.

II.9 Öffentlichkeitsarbeit

Die Ergebnisse des Vorhabens wurden und werden durch die in den folgenden Abschnitten aufgeführten Publikationen einem breiten Kreis möglicher Anwender bekannt gemacht. Gleichzeitig sind die direkt beteiligten Unternehmen daran interessiert, die Ergebnisse des Projekts im eigenen Hause zu nutzen.

Während der Projektlaufzeit erfolgten, wie in II.9.1 gelistet, bereits 17 Publikationen in Form von:

- 2 Online-Publikationen,
- 3 Flyer,
- 2 Artikel in Tagungsbänden,
- 2 Vorträge auf Tagungen, Arbeitskreisen & Konferenzen,
- 2 Posterpräsentationen auf Tagungen & Messen, sowie
- 6 Zeitschriftenartikeln.

Ein weiterer Artikel im Tagungsband, zwei Vorträge, sowie der hier vorliegende öffentliche Gesamtschlussbericht als gedrucktes Buch mit ISBN erschienen, wie in II.9.2 gelistet, nach Projektabschluss in 2022. Weiter ist noch ein englischsprachiger Artikel in einer gereviewten Fachzeitschrift geplant.

Dadurch wird das Projekt insgesamt durch mehr als 20 Publikationen in der Öffentlichkeit präsentiert und diskutiert.

II.9.1 Veröffentlichungen in der Vorhabenlaufzeit

1. ONLINE Bengel, T.: *Online-Überwachung modifizierter Krempelgarnituren für Hochleistungsfasern – Projekt HPF-Garnitur gestartet*. Newsmeldung auf der STFI-Webseite: http://www.stfi.de/stfi/aktuell/details/article/online-ueberwachung-modifizierter-krempelgarnituren-fuer-hochleistungsfasern.html, gesehen 2020-01-07.

2. ONLINE Anonym: *HPF-Garnitur – Verbesserte Vliesstoffqualität durch optimierte Krempelgarnituren und online-Überwachung des Verschleißgrades der Garnituren*. Projektdarstellung auf der futureTEX-Webseite. http://www.stfi.de/

futuretex/forschungsvorhaben/umsetzungsvorhaben/hpf-garnituren.html, gesehen 2020-01-07.

3. FLYER Anonym: *Verbesserte Vliesstoffqualität durch optimierte Krempelgarnituren und online-Überwachung des Verschleißgrades der Garnituren*. Online: http://www.stfi.de/fileadmin/futureTEX/forschungsvorhaben/HPF-Garnitur/hpf-garnitur_handout-2019_futuretex.pdf, gesehen 2020-01-07.

4. ARTIKEL Heilos, K.; Fischer, H.: *Genau hinsehen lohnt sich – Online-Überwachung optimierter Krempelgarnituren für Hochleistungsfasern*. CU reports – Deutsche Ausgabe Nr. 01 (2020), 72. ISSN 2699-4534.

5. ARTIKEL Heilos, K. & Fischer, H.: *A closer look is worthwile – Online monitoring of optimized card clothing for high-performance fibers*. CU reports – English Edition no. 01(2020), 72. ISSN 2699-4569.

6. FLYER Fischer, H.: *Projekt HPF-Garnitur: Verbesserte Qualität für Vliesstoffe aus Hochleistungsfasern bei längerer Standzeit durch optimierte Krempelgarnituren und angepasste online-Überwachung. Teilvorhaben 1: Entwicklung der online-Verschleißmessung*. Projektflyer, 2 Seiten. Faserinstitut Bremen e.V., Bremen, DE 2020.

7. FLYER Fischer, H.: *Project HPF-Garnitur: Improved quality for nonwovens made from high-performance fibres and longer life time due to optimised card clothing and adapted online control. Part 1: development of the online wear analysis*. Projektflyer, 2 Seiten. Faserinstitut Bremen e.V., Bremen, DE 2020.

8. INPROCEEDINGS Heilos, K.; Hofmann, M.; Fischer, H.; Miene, A.: *Improved Quality of Nonwovens Made from Recycled Carbon Fibres by Processing Line with Online Control of Wear Level*. In Herrmann, A. (Hrsg.): *ITHEC 2020, Virtual Edition – 5th International Conference and Exhibition on Thermoplastic Composites, 13–15 October 2020, Bremen, Germany*. Conference Proceedings. Messe Bremen, M3BGmbH, Bremen, Germany 2020, S. 277 – 279

9. POSTER Heilos, K.; Hofmann, M.; Fischer, H. & Miene, A.: *Improved quality of nonwovens due to optimised card clothing and online wear analysis. In Herrmann, A. (Hrsg.): ITHEC 2020, Virtual Edition – 5th International Confer-*

ence and Exhibition on Thermoplastic Composites, 13–15 October 2020, Bremen, Germany. Conference Proceedings. Messe Bremen, M3B GmbH, Bremen, Germany 2020,

10. ARTIKEL Fischer, H.: *Herausforderungen und Highlights im Vorhaben HPF-Garnitur in 2020*. futureTEX-Newsletter 04/2020, Seite 8. Online: https://www.futuretex2020.de/fileadmin/mediamanager/stfi/futuretex/Dateien/Newsletter/2020/futureTEX-newsletter-12-2020-Ausgabe-4.pdf, gesehen 2021-03-10.

11. VORTRAG Hofmann, M.: *Kurzvorstellung HPF-Garnitur & STFI*. Pitchvortrag im Rahmen der 4. Fachtagung Composite Recycling, online, 25. Februar 2021. Veranstalter: AFBW e.V.; DITF Denkendorf und CU Cluster Baden-Württemberg.

12. ARTIKEL Fischer, H.: *Laborkrempel geht in Betrieb – Faserinstitut Bremen e.V.*, futureTEX-Newsletter 01/2021, Seiten 2 – 3. Online: https://www.futuretex2020.de/fileadmin/mediamanager/stfi/futuretex/Dateien/Newsletter/2021/futureTEXNewsletter_2021-01.pdf, gesehen 2021-03-10.

13. VORTRAG: Hofmann, M.; Heilos, K.; Fischer, H. & Miene, A.: *Hochwertige Bauteile aus rezyklierten Carbonfasern — Resultate des Projekts RecyCarb —*. Vortrag in P3N Marketing GmbH & Sächsisches Textilforschungsinstitut e.V. (Hrsg. und Veranst.): *futureTEX-Abschlusssymposium „Wegbereiter der textilen Zukunft", Chemnitz, 07.10.2021*. P3N Marketing GmbH & Sächsisches Textilforschungsinstitut e.V., Chemnitz 2021. Online https://www.futuretex2020.de/fileadmin/mediamanager/stfi/futuretex/Dateien/9_Meldungen/futureTEX-Abschlusssymposium/futureTEX-Abschlusssymposium_5__RecyCarb.pdf. Gesehen 2021-11-03.

14. POSTER PRESENTATION Fischer, H.; Heilos, K.; Hofmann, M.; Miene, A.: *Adapted card clothing with online control of wear level to improve quality of nonwovens made from high-performance fibres*. In DWI, ITM & DITF (Organiser): *Aachen-Dresden- Denkendorf International Textile Conference, Digital, November 09–10, 2021 – Book of Abstracts*. Posterpräsentation. DITF – Deutsche Institute für Textil- und Faserforschung Denkendorf, Denkendorf, DE 2021. Online Proceedings https://www.aachen-dresden-denken

dorf.de/fileadmin/user_upload/itc/teilnehmerbereich/Poster/22_Fischer_2_FIBRE_Card_clothing_online_control_of_wear_level.pdf. Gesehen 2021-11-26.

15. INPROCEEDINGS Fischer, H.; Heilos, K.; Hofmann, M. & Miene, A.: *Adapted card clothing with online control of wear level to improve quality of nonwovens made from high-performance fibres*. In DWI, ITM & DITF (Organiser): *Aachen-Dresden-Denkendorf International Textile Conference, Digital, November 09–10, 2021 – Book of Abstracts*. Posterpräsentation. DITF – Deutsche Institute für Textil- und Faserforschung Denkendorf, Denkendorf, DE 2021. Seite 165. Full text in online Proceedings https://www.aachen-dresden-denkendorf.de/fileadmin/user_upload/itc/teilnehmerbereich/Poster/22_Fischer_2_FIBRE_Card_clothing_online_control_of_wear_level.pdf . Gesehen 2021-11-26

16. ARTIKEL Heilos, K.; Fischer, H.; Thal, D. & Faasen, A.: *Verschleißmonitoring — online Überwachung des Verschleißes von Krempelgarnituren*. Melliand Textilberichte **103**,2 (2022), 63 – 64. ISSN 0341-0781. https://www.textiletechnology.net/.

17. ARTIKEL Heilos, K.; Fischer, H.; Thal, D. & Faasen, A.: *Wear level monitoring — online monitoring of the wear of card clothing*. Melliand International **28**,2 (2022), 62 – 63. ISSN 0947-9163. https://www.textiletechnology.net/.

II.9.2 Veröffentlichungen nach Ende des Vorhabens

Bereits erfolgt:

18. VORTRAG Hofmann, M.; Thal, D.; Fischer, H.; Heilos, K. & Miene, A.: *Online-control of the wear level of card clothing used in processing of high-performance fibres*. Vortrag in EDANA & VTT (Veranst.): *NIA — Nonwovens Innovation Academy, 11th – 12th May 2022, Jyväskylä, FI*. EDANA, Brussels, BE, 2017.

19. VORTRAG Hohmuth, H.; Fischer, H.; Heilos, K. & Hofmann, M.: *Online-Überwachung des Verschleißes von Krempelgarnituren als neue Möglichkeit zur Optimierung der Wartungsintervalle*. Vortrag in Sächsisches Textilforschungsinstitut e.V. (Veranst.): *Tagungsband 15. STFI-Kolloquium „recycling for textiles“, Chemnitz, 17. und 18. Mai 2022 im Hotel Chemnitzer Hof*. Sächsisches Textilforschungsinstitut e.V., Chemnitz, 2022.

20. INPROCEEDINGS Hohmuth, H.; Fischer, H.; Heilos, K. & Hofmann, M.: *Online-Überwachung des Verschleißes von Krempelgarnituren als neue Möglichkeit zur Optimierung der Wartungsintervalle*. In Sächsisches Textilforschungsinstitut e.V. (Hrsg. und Veranst.): *Tagungsband 15. STFI-Kolloquium „recycling for textiles", Chemnitz, 17. und 18. Mai 2022 im Hotel Chemnitzer Hof*, Seiten 10 – 11. Sächsisches Textilforschungsinstitut e.V., Chemnitz, 2022.

21. Öffentlicher SCHLUSSBERICHT / dieses BUCH: Fischer, H.; Heilos, K.; Hofmann, M.; Thal, D.; Miene, A.; Faasen, A.; Lombardo, G.; Roewer, H.; Liedke, T.; Maidorn, J.; Hohmuth, H.; Heß, M. & Lang, A.: *HPF-Garnitur—Verbesserte Qualität für Vliesstoffe aus Hochleistungsfasern bei längerer Standzeit durch optimierte Krempelgarnituren und angepasste online Überwachung*. In Reihe: Forschungsberichte aus dem Faserinstitut Bremen **69**. Herstellung und Verlag: Books on Demand GmbH, Norderstedt, September 2022, 48 Seiten. ISSN 1618-7016. ISBN 978-3-75624-201-6.

Geplant:

22. ARTIKEL in der Fachzeitschrift „Vlákna a Textil – Fibres & Textiles" (ISSN 1335-0617).

III Ausblick

Aufbauend auf den Ergebnissen des Projektes lassen sich zukünftig Technologiesynergien ableiten, welche Weiterentwicklungen in andere Zielmärkte, z. B. neue Leichtbauanwendungen, positiv beeinflussen werden. Auch im Bereich des Produktionsmanagements und Verschleißmonitorings ergeben sich Synergien, welche durch die Übertragung der Prüf- und Bewertungsmaßnahmen auf andere Bereiche der Verarbeitung einen Fortschritt in der Textilbranche erzeugen werden.

Spätere Anwender profitieren von den Projektergebnissen in mehrfacher Hinsicht: längere Maschinenlaufzeiten durch vergrößerte Wartungsintervalle, bessere Produktionsplanung durch Planbarkeit der Wartungspausen und verbesserte Produktqualität.

Als Basis für spätere Weiterentwicklungen wurde im Vorhaben Grundlagenwissen über abrasiv belastete Elemente in der Textilindustrie geschaffen. Eine Übertragbarkeit der Ergebnisse auf weitere textile Prozesse, wie beispielsweise die Vliesstoffverfestigung durch Vernadelung oder die Verfestigung durch Nähwirkverfahren, sind möglich.

IV Literaturverzeichnis

[1] W. Dongbo, L. Fengkun, L. Shugin, C. Xiaohu, D. Feng, Z. Pingze und W. Zhangzhong: *A New Plasma Surface Alloying to Improve the Wear Resis-tance of the Metallic Card Clothing*. Applied Science, **9**,9 (2019), 1849.

[2] L. Vangheluwe: *Siro-Lock-Optimale Faserkontrolle beim Kardierprozess*. Vortrag in 25. Hofer Vliesstofftage, 10./11.November 2010, Hof, 2010. Online https://www.hofer-vliesstofftage.de/vortraege/2010/2010-03.pdf, gesehen am 03.06.2021

[3] Groz-Beckert KG (Hrsg.): *Groz-Beckert-Zubehör 2022*. Online: https://www.groz-beckert.com/mm/media/de/web/pdf/Accessories.pdf. Gesehen am 23.2.2022.

[4] Graf & Cie AG (Hrsg.): *Graf & Cie AG - Zubehör - Garnituren für Walzenkrempel 2022*. Online: https://www.graf-compa-nies.com/fileadmin/graf/Products/DE/Garnituren_fuer_Walzenkrempel/zubehoer_krempel_de.pdf. Gesehen 23 02 2022.

[5] Prof. Dr.-Ing. Holger Erth (2008): *Leichtbau Automobil & Co. — MaliTec-Konsortium neue Technische Textilien*. Vortrag, mtex Internationale Fachmesse & Symposium für Textilien und Verbundstoffe im Fahrzeugbau, Chemnitz, 03.-05.06.2008

[6] B. Gulich, M. Hofmann (2012): *Faservliesstoffe für die Verbundherstellung — das Recyclingkonzept für Carbonabfälle in Langfaserform*. Vortrag 27. Hofer Vliesstofftage, Hof, 07.11. 2012.

[7] H. Fischer & H. Schmid (2013): *Qualitätskontrolle für rezyklierte Carbonfasern*. Kunststoffe 103,11, S. 88 – 91. ISSN 0023-5563.

[8] U. Heye, A. Berthel, M. Mayr & A. Miene (2014): *Online-Messung der Filamentorientierung an Spinnvliesanlagen*. Vortrag, 53. Chemiefasertagung Dornbirn, 10.-12.09.14, Dornbirn, AT.

[9] M. Hofmann, H. Fischer, Q. Yuan, K. Heilos & A. Miene (2017): *RecyCarb: process optimization and on-line monitoring in the recycling of carbon fibre waste for the re-use in high-grade fibre-reinforced plastics*. In DITF, DWI & ITM (Hrsg.): *Proceedings Aachen-Dresden-Denkendorf International Textile Conference, Stuttgart, November 30 – December 1, 2017*. CD-ROM Proceedings, Paper lecture_hofmann.pdf. Deutsche Institute für Textil- und Faserforschung DITF, Denkendorf 2017. ISSN 1867-6405.

[10] Fischer, H.; Heilos, K.; Hofmann, M. ; Miene, A,; Ziller, M.; Cleff, C.; Maidorn, J.; Hohmuth, H.; Schaarschmidt, R. & Bauer, K.: *RecyCarb — Ganzheitliche verfahrenstechnische Betrachtung und prozessbegleitendes Monitoring von Qualitätsparametern bei der Aufbereitung von Carbonfaserabfällen und de-*

ren hochwertigen Wiedereinsatz in textilen Flächengebilden als Basismaterial für Faserverbundwerkstoffe der Zukunft. In Reihe: Forschungsberichte aus dem Faserinstitut Bremen **60**. Herstellung und Verlag: Books on Demand GmbH, Norderstedt, April 2019, 128 Seiten. ISSN 1618-7016. ISBN 978-3-7494-3150-2.

[11] W. Liang, W. Wen-Qiang und N. Huai-Sheng: A View on Wear Mechanism of Metallic Card Clothing. **25**,3 (2008) pp. 324 – 327.

[12] B. Gulich, M. Hofmann: *Leichtbau mit Faservliesstoffen – ein umsetzbares Recyclingkonzept für Carbonabfälle*. In Aachen-Dresden International Textile Conference, Dresden, 2014.

[13] Sigmund, I.: *Sekundär-Roving – Rezyklierte Carbonfasern in linearen textilen Strukturen für die Kunststoffverstärkung*. Vortrag in 12. STFI-Kolloquium "recycling for textiles" (re4tex), Chemnitz, 2015.

V Beteiligte Institutionen und Ansprechpartner

V.1 Faserinstitut Bremen e.V.

Faserinstitut Bremen e.V. — FIBRE
Am Biologischen Garten 2 / IW3 | 28359 Bremen
Ansprechpartner: Dr. Holger Fischer
T: +49 421 218 58661 | Fischer@Faserinstitut.de

Faserinstitut Bremen e.V. — FIBRE (Koordinator)

Das Faserinstitut Bremen e.V. (FIBRE) nimmt als wissenschaftliche Einrichtung an der Universität Bremen Forschungs- und Entwicklungsaufgaben auf den Gebieten der Prüfung, Weiterentwicklung und Verarbeitung von Fasern, textilen Halbzeugen und Faserverbundwerkstoffen wahr.

Das Institut wurde 1969 als gemeinnütziger Verein gegründet. In ihm gingen die Aktivitäten des 1955 an der Baumwollbörse Bremen aufgebauten Baumwoll-Labors und die des 1965 entstandenen Woll-Labors e.V. auf. Im Jahr 1989 wurde eine Kooperation mit der Universität Bremen eingegangen, um auf den Gebieten der Prüfmethodenentwicklung für Naturfasern, der Spezialfasern und von Faserverbundwerkstoffen gemeinsam anwendungsnahe Forschung zu betreiben.

Das Institut beschäftigt heute über 50 Mitarbeiter, davon über 35 Ingenieurinnen und Ingenieure der Materialwissenschaft, Produktionstechnik, Verfahrenstechnik und Luft- und Raumfahrttechnik sowie Physiker, Chemiker und Informatiker. Das Institut erhält eine Grundfinanzierung durch das Land Bremen und finanziert sich heute zu über 80% aus Drittmitteln. Bei der Projektfindung und -bearbeitung nutzt das FIBRE wertvolle Netzwerke wie z.B. das Forschungskuratorium Textil, das CFK-Valley-Stade und NorLiN. Durch die Vielzahl von erfolgreich durchgeführten Forschungs- und Entwicklungsprojekten besitzt FIBRE darüber hinaus ein umfangreiches eigenes Netzwerk aus hervorragenden Partnern aus Industrie und Wissenschaft. Es ist Anspruch des Instituts, Projekte kundenorientiert und professionell in hoher Qualität zu bearbeiten.

Neben dem hervorragend ausgestatteten Technikum für die experimentellen Entwicklungen steht ein Team an Spezialisten zur Verfügung, um Werkstoffmodelle und Prozesse zu simulieren, die Analyse zu unterstützen und die Übertragbarkeit der Ergebnisse zu gewährleisten.

V.2 Sächsisches Textilforschungsinstitut e.V.

Sächsisches Textilforschungsinstitut e.V. — STFI
Annaberger Straße 240 | 09125 Chemnitz
Ansprechpartner: Marcel Hofmann
T: +49 371 5274 205 | Marcel.Hofmann@stfi.de

Sächsisches Textilforschungsinstitut e.V. — STFI

Das Sächsische Textilforschungsinstitut e.V. (STFI) betrachtet vielfältige Anwendungsfelder von Textilien und ist seit über 30 Jahren Innovationspartner und Dienstleister für seine Kunden. Themenschwerpunkte der Arbeiten am STFI liegen in den Bereichen Technische Textilien, Vliesstoffe, Textiler Leichtbau, Funktionalisierung, Recycling, Digitalisierung und Industrie 4.0. Mit langjähriger Erfahrung und Kompetenz wartet das STFI in Prüfung und Zertifizierung Persönlicher Schutzausrüstung (PSA) und der Zertifizierung von Geokunststoffen auf. Inhalt und Zielrichtungen der Aktivitäten des STFI werden vordergründig durch Kundenanfragen und -bedürfnisse definiert. Die Forschungstätigkeit des Institutes ist industrienah und anwendungsorientiert ausgerichtet.

Untersuchungen zur Aufbereitung und Verwertung von Textilabfällen unterschiedlichster Art sowie die Verarbeitung von Fasern zu Vliesen und deren anschließende Verfestigung zu Vliesstoffen sind zentrale Bestandteile der Forschungsaktivitäten des STFI. Umfangreiche technische Voraussetzungen und das erforderliche Know-how zur Verarbeitung von Spezial-und Hochleistungsfasern, wie Carbonfasern, sind dazu im Zentrum für Textilen Leichtbau des STFI e.V. gebündelt.

V.3 Graf & Cie AG

Graf & Cie AG — GRAF
Bildaustrasse 6
CH-8640 Rapperswil
Ansprechpartner: Herr Giuseppe Lombardo
T: +41 55 221 71 11 | Giuseppe.Lombardo@graf-companies.com

Vertreten durch:
Spindelfabrik Süssen GmbH
Donzdorfer Str. 4 | 73079 Süßen

Graf & Cie AG — GRAF

Seit 1917 stellt der Partner GRAF innovative Ganzstahlgarnituren, flexible Deckel- und Festdeckelgarnituren her. Optimal ergänzt wird das Sortiment durch eine große Bandbreite an hochwertigen Ganzstahlgarnituren für Walzenkarden.

Auch durch die Kämme, Service-Maschinen und Zubehörteile wurden Maßstäbe gesetzt. Als globaler Partner bietet Graf kompetente technische Beratung und Wartungsleistungen. Mit seinem weltweiten Vertriebs- und Vertreternetz gewährleistet Graf einen effizienten Kundendienst.

V.4 ASGLAWO Technofibre GmbH

Asglawo Technofibre GmbH — ASGLAWO
Gewerbegebiet - Lindenstraße 2
09627 Bobritzsch-Hilbersdorf
Ansprechpartner: Dr. Thomas Liedke
T: +49 3731 - 3506-33 | T.Liedke@asglawo.de

Asglawo Technofibre GmbH — ASGLAWO

Die ASGLAWO® technofibre GmbH ist ein international tätiger Produzent und Dienstleister auf dem Gebiet innovativer Isolations- und Verstärkungsstoffe. Ihre Kompetenz für kundenspezifische Problem- und Systemlösungen gründet sich auf dem Know-how von mehr als 65 Jahren Firmengeschichte. Die Produktpalette umfasst technische Textilien für akustische und thermische Isolationen sowie Verstärkungsstoffe für Hochtemperatur- und Leichtbauanwendungen.

V.5 TENOWO GmbH

TENOWO GmbH — TENOWO
Fabrikzeile 21 | 95028 Hof
Ansprechpartner: Dr. Hagen Hohmuth
T: +49 9281 49 438 | Hagen.Hohmuth@Tenowo.com

TENOWO GmbH — TENOWO

Die Tenowo GmbH mit ihren Töchtern und Partnern, entwickelt und produziert Vliesstoffe für technische Anwendungen. Sie verfügt über Erfahrung und Kompetenz bei der Entwicklung und Herstellung von Vliesstoffen nach unterschiedlichen Technologien an Standorten in Deutschland, den USA und China.

V.6 Norafin Industries GmbH

Norafin Industries (Germany) GmbH — NORAFIN

Gewergebiet Nord 3 | 09456 Mildenau

Ansprechpartnerin: Manja Heß

T: +49 3733 5507233 | Manja.Hess@norafin.com

Norafin Industries (Germany) GmbH — NORAFIN

Norafin Industries GmbH bedient mit einem modernen Werk in Mildenau technische und industrielle Märkte mit hochwertigen, innovativen wasserstrahlverfestigten und vernadelten Vliesstoffen. Norafin ist für seine kundenorientierten Produktlösungen in den Bereichen der Schutzbekleidung, der Filtration, technischer und medizinischer Anwendungen sowie der Spezialreinigung bekannt.